Rainer Schmitt

Der Moscheekonflikt in Wächtersbach

GRIN Verlag

Bibliografische Information der Deutschen Nationalbibliothek:

Die Deutsche Bibliothek verzeichnet diese Publikation in der Deutschen Nationalbibliografie; detaillierte bibliografische Daten sind im Internet über http://dnb.d-nb.de/ abrufbar.

Impressum:

Druck und Bindung: Books on Demand GmbH, Norderstedt Germany
ISBN: 978-3-638-89218-6

Dieses Buch bei GRIN:

http://www.grin.com/de/e-book/84197/der-moscheekonflikt-in-waechtersbach

Johannes Gutenberg-Universität Mainz
Geographisches Institut
Projektstudie WS 2002/2003: Moscheen in Mainz

28.04.2003

Verfasser: Rainer Schmitt

Der Moscheekonflikt in Wächtersbach

Inhaltsverzeichnis

1. Einleitung: Einordnung in die Geographie

Die Projektstudie „Moscheen in Mainz“ im Allgemeinen und das Thema „Moscheekonflikt in Wächtersbach“ im Speziellen beschäftigt sich mit einem eher postmodernen Bereich der Geographie, der Perzeptionsgeographie. Die Frage, die eine solche Arbeit zu beantworten versucht, lautet nicht mehr ausschließlich „wo befindet sich was“. Diese Fragestellung wäre explizit raumgeographisch. In der Perzeptionsgeographie spielen politische Gesichtspunkte eine gewichtige Rolle. Deshalb wird in diesem Bereich nach der Entstehung von Raumentscheidungen gefragt; also danach, was sich vor der eigentlichen Inanspruchnahme von einem bestimmten Raum abgespielt hat. Es wird der Versuch einer Rekonstruktion von Raumentscheidungen unternommen. Und genau auf diesem Feld versucht die Arbeit zum Moscheekonflikt in Wächtersbach einen Beitrag zu leisten.

Die erwähnte Perzeptionsgeographie stellt eine spezielle Form der Sozialgeographie dar. Die Moschee steht für eine soziale Institution, welche ihren Ausgangspunkt in der baulichen Struktur hat. Durch diese Struktur gewinnt die Moschee an Persistenz. Der lebensweltlich–sozialgeographische Ansatz bildet einen zweiten zu untersuchenden Ansatzpunkt. Der Blickpunkt der Untersuchung richtet sich hierbei auf die Handelnden selbst, also die an der Aktion beteiligten Personen. Ein dritter Aspekt, der sich bei einer solchen Arbeit auf einem eher politisch-geographischen Feld als relevant erweist, ist der konfliktgeographische Ansatz. Hierbei dreht es sich in erster Linie um die eher klassische Fragestellung der Positionierung einer Moschee. Baurechtliche Fragestellungen spielen ebenso eine Rolle wie der wiederum soziale Aspekt des Positionierens, also des Etablierens und somit Repräsentierens.

2. Die Stadt Wächtersbach: Stadtentwicklung und Einwohnerzahlen

Um sich ein Bild des vorliegenden Konfliktfalles machen zu können, erscheint es sinnvoll vorab einige allgemeine Fakten zur Lage und Entstehung der Stadt oder auch der Einwohnerzahl – hierbei besonders des Ausländeranteils – zu nennen.

Die hessische Kleinstadt Wächtersbach ist dem Main-Kinzig-Kreis zugehörig. Sie liegt etwa 30 Kilometer nordöstlich von Frankfurt an der A66 zwischen Frankfurt und Fulda. Eine touristisch recht ansprechende Lage am Fuß des Vogelsbergs und des

Spessarts im sogenannten Kinzigtal ließ die Stadt auch vor allem für Pendler in den Ballungsraum um Frankfurt als Wohnort interessant werden. Sechs im Laufe der kommunalen Gebietsreform von 1970/71 eingemeindete, ehemals eigenständige Dörfer bzw. Städte ließen die eigentliche Kernstadt Wächtersbach auf eine Fläche von 5073,65 ha anwachsen. Diese in das neue Stadtgebilde eingeflossenen Dörfer sind im einzelnen Aufenau, Hesseldorf, Leisenfeld, Neudorf, Waldensberg, Weilers, Wittgenborn und die eigentliche Innenstadt Wächtersbach. Bis auf Aufenau und Neudorf sind die anderen Ortschaften geschichtlich mit der Innenstadt Wächtersbach verbunden. Die Burg bzw. das Schloss des Grafen von Ysenburg in Wächtersbach hatte schon in der Vergangenheit einen großen Einfluss (vgl. Infobroschüre Wächtersbach, 2000).

Wächtersbach lässt sich als natürlich gewachsene Stadt mit Ursprung im Mittelalter bezeichnen. Der historische Ortskern aus dem Jahre 1236 rankt sich um die Wasserburg mit Schloss. Die Stadtteile der Innenstadt splitten sich in chronologischer Reihenfolge in die Altstadt mit Schloss, Kirche und altem Rathaus im Westen. Es folgte eine Erweiterung im Osten in Form eines Neubaugebietes. Im Südwesten setze sich der Ausbau der Stadt mit einem weiteren Wohngebiet und einem kleinen „Verwaltungsbezirk“ westlich der Bahnlinie fort. Dort entstanden unter anderem das neue Rathaus bzw. Bürgerhaus, der Messeplatz sowie weitere öffentliche Einrichtungen. Das Industriegebiet östlich der Bahnstrecke und das Neubaugebiet „Köhlersgraben“ stellen die jüngsten Stadtviertel dar (Infos durch eigene Befragung).

Die Einwohnerzahl des Jahres 2003 beträgt 12.344 Einwohner. In der Innenstadt wohnt mit 6.433 Personen ungefähr die Hälfte der Gesamtbevölkerung, wovon wiederum 727 Ausländer sind. Von diesen über 700 Ausländern macht den Hauptteil, nämlich 430 Personen, die türkische Bevölkerung aus. In der Gesamtheit liegt der Ausländeranteil mit einer Zahl von etwa 1.200 bei ungefähr 10 %, der Anteil der Türken mit etwa 800 bei ungefähr 6,5 % (Zahlen von Stadtverwaltung Wächtersbach, 2003). Seit der Gastarbeiterwanderung ab den 1960ern vor allem in die industriellen Zentren nahm der Ausländeranteil in der recht nahe an Frankfurt gelegenen und überdies noch mit zwei großen Industriebetrieben ausgestatteten Kleinstadt stark zu. Da Wächtersbach eine auch heute noch sehr traditionell eingestellte Stadt ist, birgt dieser doch recht hohe Ausländeranteil für Zündstoff, wenn es um ein solch „empfindliches“ Thema wie den Bau einer Moschee geht.

3. Der Konfliktverlauf

Abb. 2: „Alte Schule", Wächterbach (Quelle: GT, 25.11.1998)

Wie mit dem Thema des Moscheebaus in Wächtersbach umgegangen wurde, lässt sich am besten anhand eines chronologischen Konfliktverlaufs verdeutlichen. Eine solche Chronologie bietet einen detaillierten Überblick und lässt den Leser zudem den Konflikt in all seinen Entwicklungsphasen mitverfolgen und somit auch besser verstehen.

Die Ausgangslage vor dem Moscheenkonflikt in Wächtersbach sieht folgendermaßen aus: Der türkisch-islamische Kulturverein nutzt bereits vor 1991 das Gebäude der „Alten Schule" (vgl. Abb. 2) in dem Stadtteil Neudorf; und das wohl auch ohne weitere Probleme mit den umliegenden Bewohnern. 1991 erwirbt der zu diesem Zeitpunkt ungefähr 190 Mitglieder zählende Kulturverein ein 3.000 qm großes Grundstück in der „Hesseldorfer Strasse" von einer Privatperson. Der Hintergedanke bei diesem Kauf scheint der zunehmende Platzmangel in den Räumen der „Alten Schule" zu sein. Die Mitgliederzahl des türkischen Vereins wächst infolge der steigenden Zahl türkischer Bewohner in Wächtersbach von Jahr zu Jahr an. Somit reicht der Platz in den bisherigen Gebetsräumen nicht mehr aus. Der Schritt des Erbauens eines neuen Kulturzentrums, zu dessen Zweck das Grundstück in der Hesseldorfer Strasse erworben wurde, ist mit der Stadtverwaltung abgesprochen. 1993 reicht der islamische Verein den offiziellen Bauantrag für das neue Kulturzentrum bei dem Kreisbauamt ohne genaue Rücksprache mit der Stadt ein. Die Stadtverwaltung hatte in vorangegangenen Gesprächen allgemein keine Einwände gegen eine sich in das Stadtbild einfügende Moschee. Der letztendlich eingereichte Bauantrag läuft diesen Vorstellungen aber völlig zuwider. Der Antrag sieht ein Kulturzentrum mit mehreren zusammenhängenden Gebäudekomplexen bestehend aus einer 16,5 × 16,5 m großen Moschee mit 24 m hohem Minarett, einer Vorhalle mit Brunnen, Gemeinschaftsräume auf einer Fläche von 250 qm und eine Hausmeisterwohnung vor (vgl. Abb. 3).

Kein Ruf des Muezzin über Wächtersbach

Ortsbeirat lehnt Pläne für Bau einer Moschee ab / Islamischer Verein: Turm nur symbolisch

Von Alexander Polaschek

WÄCHTERSBACH. Die Pläne des türkisch-islamischen Vereins für einen Moscheebau an der Hesseldorfer Straße sor- immer wieder hört" (BIW-Stadträtin Renate Holzapfel) bestreitet der islamisch-türkische Verein, der mit rund 40 Mitgliedern an der Sitzung teilnahm. Das Minarett habe nur symbolischen Charakter.

Der türkisch-islamische Verein mit rund 190 Mitgliedern plant den Neubau, seit klar ist, daß er sein bisheriges Domizil, die Alte Schule in Neudorf, verlassen muß. Der Magistrat hat zum Ende 1994

Die Skizze des geplanten islamischen Zentrums zeigt einen langgestreckten Komplex aus (von rechts) Minarett, Moschee, Vorhalle, Gemeinschaftsräume und Hausmeisterwohnung.

Abbildung 3: Ursprüngliche Moscheeplanung (Quelle: FR, 17.03.1994)

Anfang 1994 wird die Kündigung des Mietvertrags der Alten Schule für den Kulturverein zum Ende des Jahres bekannt. Als Begründung wird Eigenbedarf der Stadt angegeben. Vor dem Hintergrund dieser Tatsache zeigt sich der Handlungsbedarf des Vereins, der seinen Mitgliedern natürlich auch weiterhin die Möglichkeit der Verrichtung des Gebets geben möchte. Im März des gleichen Jahres wird dann sozusagen im Gegenzug auch das Einreichen des Bauantrags für das neue Kulturzentrum bekannt. Die Stadtverwaltung sieht vor allem in dem in dieser Größe nicht vereinbarten Kulturzentrums ein klares Missachten der Absprachen über ein sich in das Stadtbild einfügendes Zentrum. Besonderen Anlass zur Aufregung bietet das im Bauantrag mit 24 Metern veranschlagte Minarett, welches nach Meinung der Stadtverwaltung als ein eindeutiger Versuch der repräsentativen Positionierung im Stadtbild anzusehen ist. Muezzinruf und Minarett seien für eine Kleinstadt wie Wächtersbach undenkbar. Der angeprangerte Muezzinruf war allerdings laut dem Vorsitzenden des türkischen Kulturvereins, Osman Abkulut niemals geplant. Es ging dem Verein lediglich darum ein ihrer Religion entsprechendes Gebäude zu errichten. Der Ausländerbeiratsvorsitzende Muhamed Bayram warb mit der Aussage, „wie zu einer Kirche ein Turm gehört, gehört zur Moschee ein Minarett", um Verständnis (vgl. FR, 17.03.1994). Die Stadtverwaltung warf dem Verein mit dem Versuch des Errichtens von einem Kulturverein in diesem Ausmaße die Absicht vor, ein überregionales Zentrum entstehen lassen zu wollen. Muslime aus umliegenden Ortschaften und Gemeinden würden dadurch angezogen. Eine Vision, welche die Stadtverwaltung im Sinne der Mehrheit der Bewohner der Innenstadt um jeden Preis verhindern möchte. Der Vorwurf des Fundamentalismus wird in diesem Zusammenhang ebenso laut. Im Zusammenhang mit einem zweiten zeitgleich ablaufenden Konflikt, der sich um den städtischen Fußballverein rankt, wird den türkischen Einwohnern des Weiteren der Vorwurf des Versuchs der Abschottung und somit der Desintegration gemacht. Die ehemals in der „Germania Wächtersbach" spielenden türkischen Fußballer gründeten nach Querelen innerhalb des Fußballvereins ihre eigene Mannschaft. Hierbei wurde es ihnen aber nicht möglich gemacht, einen der Fußballplätze der Stadt für Training oder Spiele zu nutzen. Der Vorwurf der Abschottung der türkischen von den übrigen Einwohnern wurde hier erstmals erhoben und zieht sein Kreise bis in den Moscheekonflikt.

Im April 1994 beschließt die Stadt die Aufstellung eines Bebauungsplans (BbP) für das Gebiet zwischen Köhlergraben und der B 276. Bis zur endgültigen Aufstellung des BbP konnte die Stadtverwaltung eine Veränderungssperre des Gebietes bewirken. In direkter Folge hatte die Kreisverwaltung die Entscheidung über den Bauantrag bis Oktober 1996 ausgesetzt. Somit waren dem Kulturverein für eine längere Zeit erst mal die Hände gebunden. Kurioserweise hatten die „Zeugen Jehovas" in der Nachbarschaft des neuen Vereinsgrundstücks recht problemlos einige Zeit vorher ein Versammlungsgebäude errichten dürfen. In demselben Gebiet ist überdies noch der Bau eines Vereinsheims für den städtischen Karnevalsverein geplant, dessen Mitglieder unter anderem ebenso Mitglieder des Stadtrats sind. Im Mai 1994 kommt es schließlich zur Aufhebung der Kündigung der „Alten Schule", quasi als ein erstes Alternativangebot der Stadt an den Verein, ihre alten Gebetsräume zu behalten und somit auch den Bauantrag fallen zu lassen. Das Platzproblem in den alten Räumlichkeiten des türkischen Vereins konnte dadurch aber auch nicht gelöst werden. Im März 1995 kommt es zu einem ersten Annäherungsversuch seitens des Kulturvereins. Gewichtige Vertreter der Stadtverwaltung, u.a. der Bürgermeister und der erste Stadtrat werden zum Abendessen eingeladen. Als Auflockerungsversuch der festgefahrenen Positionen räumt der Kulturverein Fehler seinerseits ein und unterbreitet als Kompromissvorschlag ein Angebot für eine „abgespeckte" Version des Kulturzentrums ohne Minarett und Nebengebäude (vgl. Abb. 4).

Abbildung 4: „Abgespeckte" Moschee (Quelle: GNZ, 04.03.1995)

Im Oktober 1996 erfolgt die endgültige Aufstellung des BbP „Hintere Hesseldorfer Strasse", worin jegliche kirchliche und kulturelle Nutzung untersagt wird. Um die Positionen sich aber nicht wieder weiter verhärten zu lassen, finden verschiedene Gesprächskreise zwischen Muslimen und Christen in Wächtersbach mit anfangs auch recht gutem Erfolg statt. Die Resonanz ist zufriedenstellend, nimmt aber mit dem Rückzug der als Hauptinitiator agierenden Bürgerinitiative Wächtersbach (BIW) aus der Kommunalpolitik ab 2001 rapide ab. Als dann im November 1997 die Ablehnung des Bauantrag für die Moschee durch die Untere Bauaufsichtsbehörde Main-Kinzig Kreis erfolgt, welche von dem Kulturverein Verwaltungskosten in Höhe von 9.000 DM verlangt, sieht sich der türkische Verein dazu veranlasst zu reagieren. Im September des Folgejahres reicht der Verein eine Normenkontrollklage beim hessischen Verwaltungsgericht Kassel gegen das Bauverbot ein. Die Fronten zwischen Stadt und Türken scheinen sich wieder verhärtet zu haben.
Um dieser Situation entgegenzuwirken wird eine interreligiöse Podiumsdiskussion in Neudorf angeregt. Die Meinung der daran teilnehmenden Diskutanten geht vom völligen Zurückziehen bis zum Festhalten an der Klage. Die Erfolgsaussichten vor Gericht seien nach Meinung des zur Diskussion eingeladenen Vorsitzenden des „Interkulturellen Rats Deutschland", Jürgen Miksch, wie aus vergleichbaren Fällen hervorgeht, sehr gut. Amir Zaidan, der Vorsitzende der islamischen Religionsgemeinschaft hält ein Erstreiten des Rechts für den Verein für keine gute Lösung, da dies seiner Meinung nach zu weiterführenden Problemen im Zusammenleben mit den übrigen Bewohnern der Stadt führen könnte. In dieser Diskussion stellt der Vorsitzende des türkisch islamischen Kulturvereins Wächtersbach, Osman Abkulut noch mal die unhaltbare räumliche Situation und die dringende Renovierungsbedürftigkeit der Alten Schule dar, was den Verein zu einem dringenden Handeln zwingen würde. Der amtierende Bürgermeister Krätschmer (SPD) unterbreitet das Angebot einer „stadtgerechten" Lösung. Die Stadt kauft dem Verein das in der Hesseldorfer Strasse erworbene Baugrundstück ab und kommt des Weiteren für die Renovierungsarbeiten in der Schule auf. Ebenso soll ein weiterer Raum der Schule zur Verfügung gestellt werden. Dies geschieht allerdings nur, falls der Kulturverein im Gegenzug seine Klage vor dem Verwaltungsgericht zurückziehen sollte. Bei einem Nichteingehen auf oder zumindest Verhandelns des Vereins über die Vorschläge der Stadt, werde diese an keinen weiteren Verhandlungen und Gesprächen teilnehmen (vgl. FR, 14.09.1998).

Am 30.11.1999 erfolgt die Ankündigung für den Film „Lupo und der Muezzin", der schließlich am 03.12. ausgestrahlt wird. Dieser Film der Regisseurin Dagmar Wagner, die in Wächterbach aufgewachsen ist, bedient sich des aktuellen Moscheenkonflikts in Wächtersbach als realen Hintergrund. Als Frau Wagner das Filmdrehbuch 1997 beim Bürgermeister und dem 1. Stadtrat Wilfried Wilhelm (SPD), der mit Spitznamen von Kindesbeinen an Lupo genannt wurde, eingereicht hatte, um eine Dreherlaubnis in der Stadt zu bekommen, wiesen die beiden höchsten Mitglieder des Stadtrates dieses mit empörter Verweigerung zurück. Laut Herrn Wilhelm ziele das Drehbuch unter die Gürtellinie. Die Wächtersbacher Einwohner würden darin als primitive Fremdenfeinde dargestellt (vgl. FAZ, 03.12.1999). Die CDU nutzte das Bekannt werden des später in einer Stadt im Siegerland gedrehten, allerdings mit einer großen Anzahl an Anspielungen auf Wächtersbach versehenen Films für eine politische Stellungnahme gegen eine überregionale Moschee in Wächtersbach.
Im April 2001 findet ein erstes Umschwenken der Haltung der Stadtregierung statt. Die erneute Kontaktaufnahme zum Kulturverein ist anscheinend bedingt durch Nachfragen von Firmen nach gewerblichen Flächen in Gebiet der Hesseldorfer Strasse. Erneut wird an den Verein mit der Idee des Grundstücksabkaufs herangetreten. Der Verein seinerseits bemüht sich um den Kauf einer Ausweichfläche. So reicht er z.B. im November 2001 ein Kaufgesuch für ein Gebäude in der Heegstrasse ein, mit Versprechen das Gebäude in einem unveränderten Zustand zu belassen. Dieses wird abgelehnt, womit klar geworden sein dürfte, dass es der Stadt darum geht, keine kulturelle türkische Einrichtung in zentraler Innenstadtlage zuzulassen. Im November 2001 wird ein weiterer Kauf nämlich des ehemaligen Marktgebäudes in der Hesseldorfer Strasse angestrebt. Dieser Versuch trifft wiederum auf Ablehnung, mit der Begründung des Zuwiderlaufens gegen den BbP.

Das „1. Türkische Kulturfest" findet im Oktober 2001 im Bürgerhaus von Wächtersbach statt. Dies ist als ein bedeutender Schritt der Annäherung zwischen beiden Konfliktparteien zu sehen, was wesentlich durch den Wechsel in der Vereinsspitze zu einem laut Stadtregierung gemäßigterem neuen 1. Vorsitzenden des türkisch islamischen Kulturvereins, Seref Degermenci bedingt ist (Aussage aus Gespräch mit Wilfried Wilhelm).

Im März 2002 nehmen die Verhandlungen und das Bemühen um eine außergerichtliche Lösung seitens der Stadtregierung zu. Dies hängt, wie vermutet wird, mit der Nachricht eines Verwaltungsgerichtsmitarbeiters an Bürgermeister Krätschmer zusammen, dass die gerichtliche Entscheidung des Streitfalls zugunsten der Moschee sogar mit Minarett möglich sei. Daraufhin unterbreitet der Bürgermeister dem Verein ein Angebot für den Kauf des Grundstücks Bahnlinie, Ecke Industriestrasse. Bei Bekannt werden dieses Vorschlags zeigt sich die Öffentlichkeit vor allem in Form der übrigen Parteien verständnislos. Einerseits wird der SPD vorgeworfen, jahrelang gegen eine Moschee in Wächtersbach gewesen zu sein, andererseits kommt vor allem von Seiten der FDP, die bei den Kommunalwahlen 2001 erstmals als dritte Kraft neben SPD und CDU mit knapp 6% in das Parlament der Stadt einziehen konnte, der Vorwurf, dass versucht werde, eine türkische Kultureinrichtung um jeden Preis aus der Innenstadt fernzuhalten. Dabei werde sogar in Kauf genommen, dass das letzte größere Industriegrundstück hierfür geteilt würde. Das dem türkischen Verein angebotene Grundstück ist Teil eines eigentlich für gewerbliche Zwecke veranschlagten Gesamtgrundstücks, welches aber durch den geplanten Verkauf an den Kulturverein und zwei Firmen dreigeteilt wird. Krätschmer setzt sich mit der lapidaren Äußerung, eine Moscheeplanung sei „absoluter Quatsch", zur wehr. Es werde lediglich ein Vereinsheim entstehen, und dies auch nur aus dem Grund, den Kulturverein zum Rückzug der Klage zu bewegen. Mit dem Angebot des Ersatzgrundstücks solle der nötige Kompromiss angestrebt werden (vgl. GT, 01.05.2002).

Im Juni 2002 erfolgt dann die offizielle Zustimmung der Stadtverordnetenversammlung zu dem geplanten Grundstücksgeschäft in der Industriestrasse/Ecke Auweg. Der Kompromiss zwischen Stadt und Kulturverein sieht folgendermaßen aus: Die Stadt stellt das neue Grundstück zur Verfügung und kauft das alte Grundstück in der Hesseldorfer Strasse auf. Im Gegenzug verpflichtet sich der Verein, seine Klage vor dem Verwaltungsgericht zurückzuziehen und auf eine „überdimensionale Moschee", d.h. vor allem kein Minarett und keine Kuppel, zu verzichten.

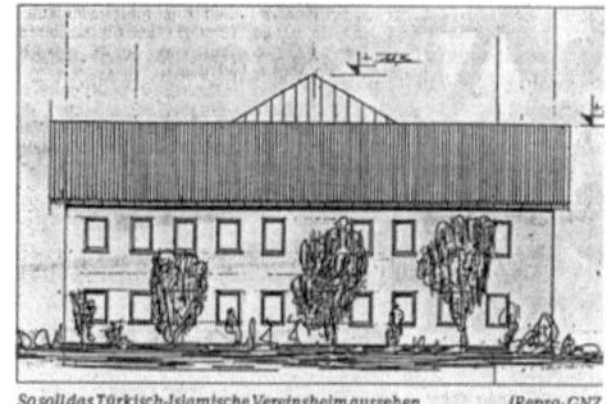

Abbildung 5: Moscheekompromiss (Quelle: GNZ, 15.06.2002)

Die Stadtregierung erklärte sich mit dem Bau eines 16,5 × 17 m großen Gebetshauses mit Wohnhauscharakter für maximal 250 Gläubige und eines Wohnhauses für den Imam, welches quer zum Gebetshaus erbaut werden soll, auf einem Grundstück von 2757 qm einverstanden (vgl. Abb. 5). Die in der Hesseldorfer Strasse geplante Moschee sollte angeblich bis zu 400 Personen fassen können. Allerdings war der ursprüngliche Moscheegrundriss sogar kleiner geplant gewesen. Am 10.06.2002 erfolgt schließlich die Unterzeichnung des Kaufvertrags für das neue Grundstück im Industriegebiet.

Bevor auf die Instrumentalisierung des Themas „Moscheebau" aus politischer Sicht eingegangen wird, sollte man sich den Verlauf des Konfliktes aus raumgeographischer Perspektive abschließend noch mal vor Augen zu führen. Hierzu dient die Karte der Standortsuche des türkisch islamischen Kulturvereins (vgl. Abb. 6).

Abbildung 6: Standortsuche des türkisch islamischen Kulturvereins (Ausgangspunkt, Kaufoptionen und finaler Kaufabschluss)
(Kartengrundlage: Stadt Wächtersbach, eigene Weiterbearbeitung)

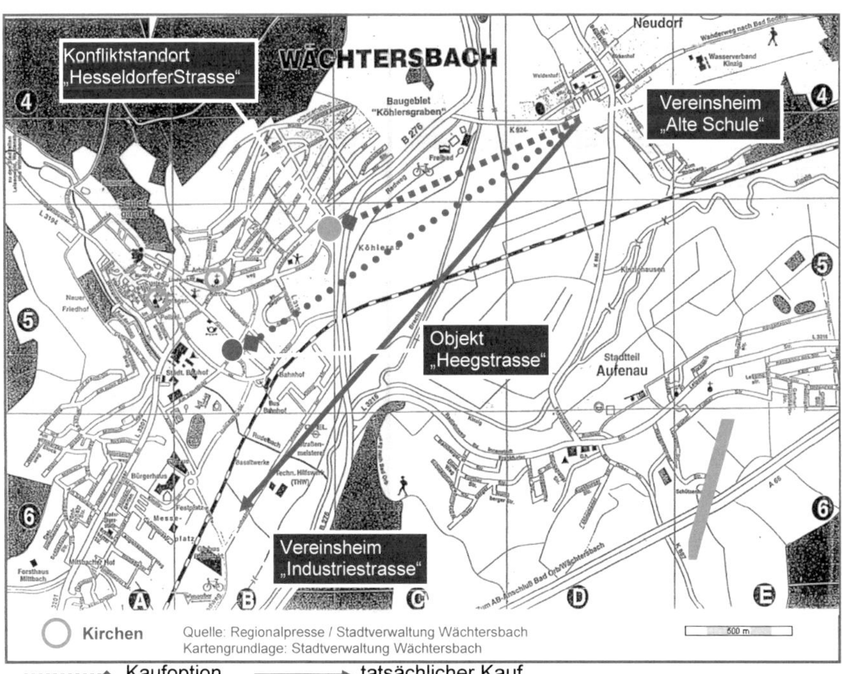

4. Instrumentalisierung des Themas „Moschee“ auf kommunalpolitischer Bühne

Die Haltung der einzelnen Parteien innerhalb des Moscheekonflikts in Wächtersbach wurden zwar teilweise schon angerissen, verdienen aber vor allem zur Veranschaulichung, inwieweit es möglich ist mit einem solches Thema Politik zu machen, besondere Erwähnung. Die Intrigen und Vorwürfe zwischen den einzelnen Parteien sind zahlreich und je nach politischer Lage extrem konträr.

Als Ausgangspunkt veranschaulicht der Ausgang der beiden Kommunalwahlen von 1997 und 2001 das politische Machtverhältnis der Kleinstadt Wächtersbach. Jeweils schafften drei Parteien den Sprung in das Stadtparlament. Die SPD konnte bereits 1997 die absolute Mehrheit mit 54,6% der Wählerstimmen erringen. 2001 konnte dieses Ergebnis sogar auf 62,5% ausgebaut werden. Die CDU schnitt mit 30,7% 1997 und 31,5% 2001 bei beiden Wahlen relativ unverändert als zweitstärkste Kraft ab. Während 1997 die Bürgerinitiative Wächterbach (BIW), eine ökologisch orientierte Partei, 14,7% der Stimmenanteile für sich verbuchen konnte, trat diese 2001 nicht mehr zur Wahl an. Als Begründung wurde die fehlende Chance auf Veränderung infolge der absoluten SPD-Mehrheit genannt. Stattdessen schaffte 2001 die FDP mit knapp 6% den Einzug ins Stadtparlament. Sowohl die FDP als auch die SPD profitieren von dem Rückzug der doch recht starken BIW aus Kommunalpolitik (vgl. GT, 19.03.2001).

Da das Thema „Moschee“ jahrelang die politische Bühne in Wächtersbach primär beherrschte, ist der Erfolg der SPD auch eng mit dieser Thematik verknüpft. Die SPD vertrat meist die Meinung der Mehrheit der ansässigen Bürger und konnte sich somit immer einer breiten Rückendeckung bewusst sein. Da die Mehrheit gegen eine Moschee in Wächtersbach war, begründete der Fraktionsvorsitzende der SPD und pikanterweise auch Vorsitzender des Bau- und Planungsausschusses Klaus Schultz die Haltung der SPD gegen die Moschee mit der Aussage: „Da identifizieren wir uns mit der Meinung der Bürger“ (GT, 14.10.1998). Bürgermeister Krätschmer soll in diesem Zusammenhang die Aussage gemacht haben, Moscheebesucher seien ohnehin nicht wahlberechtigt, also für ihn uninteressant (Holzapfel 2002, S. 52).

Werner Ach von der BIW machte der SPD den Vorwurf als „geistige Brandstifter“ auf Stimmenfang im braunen Lager unterwegs zu sein, wenn sie so vehement gegen eine Moschee wettert (vgl. GB, 09.11.1996). Durch Aussagen seitens der SPD, wie dass ein Moscheebau „selbst bei größtmöglicher Toleranz auf großen und berechtigten Widerstand stoßen“ würde oder die Ansicht des 1.Stadtrats Wilhelm, das „wir [nicht wollen], dass noch mehr Türken nach Wächtersbach kommen“, wird dieser Vorwurf noch zusätzlich untermauert (vgl. FAZ, 03.12.1999). Als der SPD schließlich stichhaltige Argumente gegen den Moscheebau ausgehen - die Haltung des Kulturvereins war auch eher durch entgegenkommen ausgezeichnet – fallen dann solche Aussagen wie von Krätschmer, dass „wir (...) in Mitteleuropa [sind]. Da muss es erlaubt sein, dass Parlamentarier sagen: Wir wollen das nicht“ (FR, 14.03.1998). Trotz dieser vielen sprachlichen Entgleisungen vermochte die SPD doch immer die Bürger hinter sich zu halten. Wie in vielen eher traditionellen Gemeinden hatten die Bewohner bis auf einige Ausnahmen Berührungsängste mit fremden Kulturen und unterstützten deshalb die SPD in ihrer Verhinderungshaltung gegen eine Moschee in der Innenstadt.

Die SPD kann anhand der klaren Linie gegen die Moschee von Kommunal- zu Kommunalwahl ihren Stimmenanteil ausbauen. Die CDU stellt sich möglicherweise in der Erkenntnis, dass die Politik der SPD in Wächtersbach die einzig erfolgreiche ist, dieser gegen Ende des Konflikts nicht mehr in den Weg. So sind bei der Abstimmung über den Grundstücksverkauf Industriestrasse auf Seiten der CDU zwei Enthaltungen zu verzeichnen. Damit möchte die CDU des Weiteren den Vorwurf der SPD als „Sündenbock und Blockierer“ loswerden. Die SPD stimmt natürlich viermal für den Verkauf. Die FDP stimmt mit ihrer einen Stimme dagegen, da ihrer Meinung nach damit „eines der letzten Filetstücke für Industrie-Neuansiedlungen von der Stadtregierung verramscht“ wird (GT, 05.06.2002 und 15.06.2002). Diese Abstimmung ist somit symptomatisch für die politische Linie der Parteien in den letzten Jahren. Die FDP behält die klare Linie gegen die SPD aufrecht, während sich die CDU wie so oft im Vorfeld unsicher und ohne eindeutige Aussage zeigt. So war z.B. die Stellungnahme der CDU bei Bekannt werden des Grundstücksdeals im Industriegebiet, sie wäre nie für Moschee, Kulturzentrum oder Vereinsheim gewesen, schlichtweg falsch. Genau wie die SPD wurde auch hier oftmals ein undurchsichtiges politisches Verwirrspiel aufgezogen. Lediglich bei der BIW hatte man den Eindruck, ein Spiel mit offenen Karten dank klarer Stellungnahmen vor sich zu haben.

Der Moscheekonflikt zeigt eine weitere Dimension der politischen Instrumentalisierung, indem er auf SPD-Seite als Ablenkungsmanöver von parteiinternen Fehltritten genutzt wurde. Unter anderem konnte durch das ständige Fortbestehen dieses Konfliktes von einem Gerichtsverfahren wegen Korruptionsvorwürfen gegen den Bürgermeister Krätschmer abgelenkt werden (vgl. Holzapfel 2002, S. 50). Ebenso wurde versucht den Vorwürfen seitens der CDU der Nichteinhaltung von Wahlversprechen mit dem Vorwurf der Behinderung der Kompromissfindung durch CDU und FDP entgegenzutreten. Einer dieser Vorwürfe, der sich zu einem Skandal auszubreiten drohte, fand zwischen der FDP und der SPD statt.

Nach Gesprächen zwischen FDP und dem islamischen Verein im Mai 2002, wurde der Verdacht laut, die FDP solle angeblich dem Verein zu einem Aufrechterhalten der Klage geraten haben. Der Vereinsvorsitzende Degermenci informierte den Stadtrat über den Vorfall, der von der SPD zu einem Skandal mit Rücktrittsforderungen aufgebauscht wurde. Die FDP ihrerseits bestritt die Vorfälle. Es habe sich bei dem Treffen um ein rein informatives Gespräch über den Stand der Verhandlungen gehandelt. Dabei seien dann wohl einige Aussagen missverstanden worden. Die FDP stempelte diesen Skandal als „Schmierentheater“ ab (vgl. GT, 17.05.2002). Ob sich nun die FDP von einem Scheitern der SPD im Moscheekonflikt politische Vorteile erhofft hatte, oder ob dieser „Skandal“ eine wirkliche Inszenierung der SPD gewesen ist, lässt sich nicht genau nachvollziehen. Unter dem Strich bleibt nur wie bei fast allen politischen Auseinandersetzungen in diesem Zusammenhang, dass hier mit dem Thema Moschee Politik betrieben wurde.

Um nur einige der zahlreichen Beispiele zu nennen, wie widersprüchlich es in der Politik zugehen kann, sei an dieser Stelle kurz jeweils ein Zitat von der SPD einem Zitat der CDU gegenübergestellt. So wirft die CDU der SPD den Bruch des Wahlversprechens, dass es unter der SPD keine Moschee in Wächtersbach geben werde, vor, als diese den Grundstücksverkauf im Industriegebiet mit dem Kulturverein abschließt. So lautete die Aussage der CDU: „Meinen die [die SPD], die Bürger hätten kein Gedächtnis und könnten nicht richtig Zeitung lesen“ (GNZ, 07.05.2002). Die SPD macht fast genau die gleiche Aussage, um sich gegen den Vorwurf zu verteidigen: „Die CDU rechnet mit dem kurzem Gedächtnis der Bürger“ (GT, 09.05.2002). Für sie ist das Versprechen keine Moschee in der Hesseldorfer Strasse in der geplanten Dimension entstehen zu lassen, eingehalten, da es sich nach eigenen Aussagen „lediglich“ um ein Vereinsheim handelt. Wer bei solchen Aussagen im Recht ist, ist immer schwer zu entscheiden. Was diese Zitate aber verdeutlichen sollen, ist die Tatsache, wie wenig es oft um das eigentliche Thema geht und wie oft einzig die Wählerschaft im Vordergrund steht.

5. Fazit

Nach zahlreichen Auseinandersetzungen zwischen den Parteien kommt es schließlich doch zum einvernehmlichen Abschluss zwischen Stadt und türkisch islamischem Kulturverein. Die SPD steht mal wieder als der große Sieger da, der zwar insgeheim seine Position oft geändert hat, das Ziel der Verhinderung einer Moschee im Innenstadtbereich dennoch erreicht hat, auch wenn sie dafür einige Opfer bringen musste. Schultz lässt in diesem Zusammenhang bezüglich der Haltung der SPD verlauten: „Wir sind bestrebt zu integrieren, nicht auszugrenzen“ (GT, 14.10.1998). Christian Hofmann, 1. Vorsitzender der SPD, ergänzt diesbezüglich, dass „verantwortliche Politik [laut SPD heiße] (...) nach Alternativen zu suchen“ (GT, 09.05.2002). Im Vergleich zu den Aussagen, die im Laufe des Konflikts u.a. von Wilhelm geäußert worden sind, zeigt sich hier ein immenser Wandel in den Inhalten. Am Ende steht allerdings als Ergebnis wieder nur der Raum bzw. die Positionierung im Raum, was auch der anfängliche Auslöser des Konfliktes war. Und diese Raumentscheidung ist letzten Endes im Sinne der SPD ausgefallen. Hierzu merkt Hofmann in selbstsicherer Siegermanier an, dass sich die jahrelang konsequente Haltung gegen die Moschee in der Hesseldorfer Strasse als richtig herausgestellt hat und Schultz erklärt ergänzend „das jahrelange miese und schäbige Spiel der CDU [für] (...) gescheitert“ (GT, 22.06.2002 und 05.07.2002).
Deutlich wird hierbei die enge Verzahnung von Politik und Geographie. Eine interdisziplinäre Sicht der Dinge ist somit für die Erfassung der komplexen Problemstellung außerordentlich wichtig.

6. Literaturverzeichnis

Holapfel, Renate (2002): Rassismus zum Lachen. In: Islam in europäischen Dörfern. Miksch, Jürgen und Anja Schwier (Hrsg). Verlag Otto Lembeck, Frankfurt. S. 49-56

Stadtverwaltung Wächterbach (Hrsg.) (2000): Infobroschüre Wächtersbach

Weitere Literatur:

Allgemeine und lokale Tageszeitungen:

- Gelnhäuser Neue Zeitung (GNZ)
- Gelnhäuser Bote (GB)
- Gelnhäuser Tageblatt (GT)
- Frankfurter Rundschau (FR)
- Frankfurter Allgemeine Zeitung (FAZ)

Unterlagen (Briefe, Dokumente, Zeitungsartikel) der Stadtverwaltung Wächtersbach